PREPARACIÓN Y AYUDA PARA EL NUEVO CURSO (13)

ÍNDICE DE LA SERIE

13: CEREBRO Y REALIDAD

¿Crea el "cerebro" la realidad? (Cerebro, tiempo y realidad)

SISTEMA   NERVIOSO   Y
ORGANISMO...

¿Qué es la realidad?

Por los escritos que nos han llegado sabemos que los antiguos griegos propusieron ideas sobre la realidad, y sobre los elementos fundamentales que componían todo lo que observamos. Pármenides de Elea relató en un poema, lo que según él le había revelado una diosa, en el que enfatiza una distinción entre lo que es, o existe, y lo que no es, o no existe, entre el Ser y el No ser; del No ser no puede originarse nada, puesto que no existe, por tanto el Ser (o lo que es, lo que sí existe) no se ha originado de lo que no es; de hecho, de acuerdo con Parménides el cambio es imposible, puesto que implica que algo deja de ser lo que es para convertirse en otra cosa, lo que requeriría (al dejar de ser lo que es), pasar de Ser a No ser y de No ser a Ser (a ser algo distinto), lo que contradice la conclusión anterior de que del "No ser" no puede originarse nada. Por tanto el Ser no puede haber tenido origen ni principio. Platón propuso posteriormente que el mundo de apariencias que percibimos puede ser algo así como un reflejo imperfecto de un mundo superior que da origen a nuestra realidad, el "mundo de las ideas", y entre las ideas que, al parecer, siempre han sido ciertas, como "verdades intemporales", cabe destacar los conceptos y relaciones que se estudian en matemáticas. Incluso hoy día muchos científicos comparten el punto de vista platónico de las matemáticas, y se ha llegado a proponer que la realidad que experimentamos no es otra cosa que matemáticas o información. Wigner expresó su asombro ante "la casi irrazonable efectividad de las matemáticas en la descripción del mundo físico", y John Wheller, cuando se le preguntó sobre cual creía que finalmente resultaría ser el elemento fundamental de la realidad, acuñó la famosa frase: "It from bit", para referirse al hecho de que la "información" es el fundamento de la realidad.

Hasta algo tan complejo como un ser humano, con cerebro incluido, podría ser descrito por unas relaciones matemáticas muy complicadas y elaboradas, pues estamos hechos de las entidades más fundamentales que hemos considerado, y que son descritas por relaciones matemáticas. Por supuesto al crecer en complejidad las estructuras matemáticas, aparecen nuevas capacidades y propiedades emergentes, que no parecen tener los entes más fundamentales; resulta sorprendente pensar que pudiéramos ser estructuras matemáticas que habitan en el mundo platónico, abstracto e intemporal que concibieron Parménides, Platón y otros filósofos posteriores, pero eso es lo que están considerando algunos científicos de hoy, sumamente impresionados por el poder de las relaciones matemáticas, por su potencia para describir el "mundo físico", lo que inspira una sensación de que tienen poder generador, y que su misma existencia, que parece ser una necesidad lógica, y el hecho de que describan con tanta precisión tal "mundo físico", podría estar realmente diciéndonos que este no es otra cosa que la mismísima manifestación del "mundo matemático", y que por lógica debe contener estructuras de tan alto nivel de complejidad que llegan a ser autoconscientes. Si es realmente así, cabe preguntarse por qué el Universo parece tener una "historia", y nosotros mismos no tenemos consciencia de haber existido siempre; pero eso podría estar relacionado con los "recuerdos". Platón mismo expuso su teoría de la reminiscencia, en la que proponía que ya habíamos vivido en su "mundo de las ideas", pero lo habíamos olvidado; hay casos de personas que pierden la capacidad de grabar nuevos recuerdos, y para ellos es como si el tiempo no existiese, como si cada pocos minutos todo empezase de nuevo; en filosofía se consideran los ejemplos que han sido llamados "Tierra de cinco minutos" y "cerebro en una cubeta", que sugieren que nuestra percepción de la existencia y la realidad serían las mismas que tenemos, si alguien o algo activase las regiones adecuadas de "nuestro cerebro", que podría estar en una cubeta, y la Tierra y todo lo demás, tener solo cinco minutos, pero "nuestros recuerdos" y otros registros hacernos creer otra cosa; hay neurocientíficos que hablan de que nuestro "cuerpo" y nuestro "yo" pudiera ser una creación del "cerebro", como en la "realidad virtual"; a veces se menciona que la realidad podría consistir en "instantes de experiencia" que contienen recuerdos de otros instantes; tales "instantes" podrían existir eternamente como estructuras matemáticas, y aunque fuesen experimentados una y otra vez, no lo notarían, pues cada "instante" no contiene el recuerdo de haber sido ya experimentado. Estas ideas, aunque han sido sugeridas por los descubrimientos en neurociencia, y por el avance de las simulaciones por ordenador, y las técnicas de "realidad virtual", "realidad simulada" y "videojuegos", no son nuevas; ya hemos hablado de la ideas de Parménides y de Platón, y también René Descartes consideró el ejemplo de un "geniecíllo" que nos hiciese experimentar el "mundo" a su antojo; Fred Hoyle, científico que también escribió libros de ciencia ficción, ilustró la idea que estamos considerando sobre la "realidad" y el "tiempo" de manera semejante; todos los "instantes de experiencia" están ya ahí, eternamente, como casilleros que contienen los recuerdos de otros instantes; sin importar el orden o el número de veces que cada casillero es "activado", los "sujetos" que "viven en ellos" experimentan su "mundo" tal como nosotros, con un "orden temporal" y una existencia construida de "instantes únicos".

Habrá que esperar a que sigan avanzando la ciencia y la tecnología para obtener más comprensión de estos interesantes temas; si somos algo parecido a los personajes de un súpervideojuego muy avanzado, el dueño puede apagar nuestra "realidad", para irse a dormir o a hacer alguna otra cosa, y en otro momento volverlo a poner en marcha; no notaríamos nada, pues habríamos estado "inconscientes" en ese intervalo, y al proseguir donde lo dejamos no experimentaríamos ninguna "discontinuidad temporal".

¿Crea el "cerebro" la realidad? (Cerebro, tiempo y realidad)

Cuando leemos sobre el funcionamiento de las moléculas y estructuras de la vida, la replicación del ADN, el efecto de sustancias en el cerebro, o como se origina el potencial de acción y el disparo neuronal, todo se percibe como la operación de la fuerza electromagnética, operando entre estructuras con una determinada geometría muy específica, y los "cambios" de una conformación geométrica a otra, a través de varias conformaciones geométricas intermedias; así si viésemos una película del "proceso", cada fotograma contendría una conformación geométrica estática muy similar a sus contiguas (anterior y posterior), casi idéntica, solo ligeramente diferente; y si los descubrimientos en física nos han llevado a representar las cosas como una geometría espacio temporal estática, tal vez así se podrían representar esos "procesos que percibimos dinámicos" (incluso también la decoherencia y la eliminación de "ondas cuánticas" o formas ondulatorias, que llevan a la selección de las estructuras de encaje adecuado); eso también concordaría con la concepción platónica de que todas esas formas matemáticas o geométricas existen ya en algún sentido; en el caso de personas que tienen acinetopsia,, parece como si percibiesen un fotograma estático, y a continuación otro, pero según lo que se ve en algunos documentales, no parece que pasen, por decirlo así, a lo que sería el siguiente fotograma solo ligeramente distinto en una película, sino que parece como si saltaran de golpe a unos cuantos fotogramas más allá; así, tal vez el cerebro solo necesita procesar unas pocas imágenes estáticas no demasiado próximas o similares, y si las neuronas de movimiento se activan (y así sabe que debe pintar movimiento sobre la "escena", fundir en una secuencia de continuidad, las interpretaciones de estados neuronales que son las imágenes estáticas), entonces llega a interpretar "movimiento", y es como si supiera que tal como interpreta o llega a la conclusión de lo que "está ocurriendo ahí fuera", así es como debe presentarnos las cosas a nuestra percepción consciente, y así lo hace, porque eso es lo que necesitamos para "obrar en consecuencia", y es como si creara los "fotogramas intermedios", como hacen hoy algunos programas de ordenador. Se ha mencionado que hay un retardo temporal en las imágenes que percibimos, y que la imagen que pensamos percibida en el "presente", es un promedio a partir de las señales recibidas e interpretadas por el cerebro en ese lapso; Algunos neurocientíficos también dicen que el tiempo es una construcción cerebral, y que es fácilmente manejable y moldeable en los experimentos; libros y artículos de neurociencia dan muchos otros ejemplos que muestran el papel del cerebro en lo que percibimos como realidad, como una construcción cerebral, independientemente de si hay o no "algo ahí afuera", o de la naturaleza de lo que sea que la origine; se explica que los datos del "exterior" solo modulan o hacen pequeñas correcciones en la expectación que el cerebro ya tiene de lo que va a percibir, calculándose las diferencias entre los datos de entrada y la expectación previa que ya está en el cerebro; la diferencia con las "imágenes" de los sueños es que estas se generan por completo dentro del cerebro, y no son modificadas por ningún input adicional; son interesantes también las explicaciones que se dan sobre sinestesia, o sobre percepción del color por implante de un fotoreceptor en la retina de animales de laboratorio, y muchas otras de las cosas que se explican.

Cuando aprendimos sobre el vacío del átomo, la teoría cuántica y todo lo demás (relatividad, etc.),comprendimos que lo que hay que "crear" son las sensaciones: ellas son el "mundo experimentado o percibido" (incluso las "experiencias posibles previstas", aún no realizadas), y estas se "crean" o se "originan" a partir de un conjunto de relaciones matemáticas (estables, y por eso las llamamos "leyes", "normas de comportamiento"), y comprendemos que aunque tales interrelaciones no se parecen a lo que percibimos (átomo: mayormente espacio vacío o campos de fuerza o distribuciones de probabilidad), sí pueden dar origen a nuestras "sensaciones" o "percepciones" (mundo percibido, experimentado), nuestras experiencias, nuestra realidad, y de hecho si no fueran esas "leyes" (interrelaciones), el mundo sería distinto, y no podría haber electricidad, tecnología etc.

Y una vez comprendido eso, los descubrimientos en neurociencia nos dan indicios de que ni siquiera haría falta "algo externo a nuestro cerebro", sino que bastaría con que en él se generasen las "sensaciones" que hasta ahora pensábamos que provenían de una "estructura de interrelaciones externas". Bastaría con ese "órgano interrelacionador" o "estructura interrelacionadora" (y de ella, la "estructura" podrían ser las propias "interrelaciones" sin más, existiendo como "ideas" verdaderas y eternas, llegando a un máximo nivel de abstracción, ya que las matemáticas hacen abstracción de "características" innecesarias para captar las "relaciones fundamentales", que son lo que realmente importa, pues ellas generan las "sensaciones", las "experiencias", las "percepciones", el "mundo experimentado"). Estas ideas no son nuevas, y no solo los griegos sino filósofos posteriores como Berkeley, ya las expresaron.

¿Significa esto que se puede afirmar que no existe esa "estructura externa", o ni siquiera "un cerebro" y "campos de fuerzas", "distribución (campo) de probabilidades", etc.?. No; simplemente creo que no lo sabemos, o tal vez se podría decir que existen en el mismo sentido abstracto de todas las "relaciones, ideas y verdades eternas".

En realidad no sabemos plenamente como se genera la realidad, y hasta las mismas "experiencias" podrían ser generadas de diferentes maneras.

He puesto mi dedo presionando la parte inferior de mi ojo izquierdo hacia arriba, y los objetos se han duplicado y movido, y he "tocado" el que no "era", pero lo he "sentido con el tacto" y con la "vista" como algo real.

Hay muchos ejemplos de que "vemos cosas externas" que sabemos que "no están ahí", luego el cerebro las crea, incluso "rellenando" datos que no le llegan de los sentidos. De acuerdo con los hallazgos en neurociencia, la diferencia entre lo que vemos y experimentamos en los sueños y en la vigilia, es que cuando soñamos toda la experiencia, incluso de ver, es generada en el interior del cerebro; en el estado de vigilia la diferencia es que la generación interna del cerebro es modulada por un input adicional que le llega, ¿de dónde?; su expectativa es modulada, quizá solo ligeramente, y el cerebelo, computa la diferencia entre sus expectativas y los datos adicionales que recibe y envía esas diferencias a otras partes del cerebro; es posible que, como debe hacer esos reajustes, llegue a la conclusión, por decirlo así, que lo que experimenta en vigilia es más real que lo que experimenta en sueños, por eso lo siente más real porque lo cree más real y le atribuye un grado mayor de realidad; también, ante la pregunta de si todos percibimos lo mismo, hay ejemplos de mujeres que tienen un fotoreceptor adicional y ven más colores o matices de color que otros; hay un tipo de ceguera en el que los pacientes no saben que están ciegos, lo que indica que experimentan visión (la llamada "ceguera negada"), aunque no se corresponda con lo que la gran mayoría ven como existente "ahí afuera"; de hecho "vemos un mundo lleno de luz", iluminado, pero dentro del cerebro, que es el que realmente ve, "está oscuro"; aunque así lo experimentemos; por lo que se sabe hasta ahora , "ver" y en general experimentar un mundo externo es el resultado de señales eléctricas dentro del cerebro; el cerebro distingue de qué "sentidos" le llega cada conjunto de señales, y eso, al parecer es lo que hace que concluya, que algunas sean debidas a la textura de algo que toca, al sabor de algo que gusta, al olor de algo que huele, al sonido de algo que oye, o a la forma y color y movimiento de algo que ve; pero todo son señales del mismo tipo dentro del cerebro, de pequeños potenciales eléctricos; los sonoros, se interpretan como producidos por ondas mecánicas de presión de aire, los visuales por ondas de "luz" electromagnéticas, los táctiles, gustativos y olfativos por la interacción, que también es de tipo eléctrico de las moléculas de nuestros órganos correspondientes con las moléculas a las que se aproximan; el cerebro conjuga todas esas sensaciones eléctricas formando asociaciones entre algunas de ellas con otras: por ejemplo señales que interpreta como que le están indicando la forma y color de un objeto ("iluminándose" así el cerebro, con entendimiento de esas señales que le permiten construir un mundo de formas y colores y movimientos que son su guía para desenvolverse, y por tanto lo experimenta, cree en él y lo "ve"), señales que le indican qué textura tiene o presenta al tacto aquello que contacta con la piel; con todas las señales forma un conjunto de asociaciones e interrelaciones que "son" el "mundo exterior en el que vive", y que por tanto generan en él respuestas; sabe a partir de la interpretación de las relaciones y asociaciones de todas esas señales cuál debe ser su respuesta emocional o motora, y genera las señales correspondientes y adecuadas, para que en su interior se derramen las sustancias que van a hacer sentir las emociones que corresponden a cada situación, o las ordenes motoras que corresponden a la forma en que su "organismo" debe reaccionar; cabe decir que no haría falta, que haya un mundo exterior, o al menos si lo hay, que se parezca a lo que "a simple vista" nos parece; de hecho ya sabemos que, si lo hay, no es lo que nos parece; y en eso se incluye la aparente forma que nos parece que tiene un "cerebro", cuando lo vemos en fotografías o documentales, o cuando lo ve alguien que hace una autopsia; en realidad solo haría falta ese conjunto de señales adecuadamente interrelacionadas que conducen a toda esa interpretación, y la existencia de tales señales, nuestra sensación de ellas y de sus interrelaciones es realmente nuestra experiencia del "mundo"; solo es necesario que haya coherencia en ellas, que permitan que experimentemos un mundo y unas historias coherentes, y coincidentes también con lo que experimentan los demás; es como si "nuestro mundo y nosotros", fuésemos un conjunto de señales y sensaciones adecuadamente interrelacionadas; y en plan ciencia-ficción se podrían generar en cualquier estructura que ni siquiera ocupe espacio-tiempo, por ejemplo en los platónicos mundos de Platón, Barbour y Tegmark; bastaría con que esas interrelaciones simplemente "existan"; es interesante que cuando David Eagleman habla de la sinestesia y los sinestésicos, menciona que para ellos su percepción del color de un día de la semana, o del sabor de una melodía etc.. es muy real, que algunos viven toda su vida sin saber que son sinestésicos, y que se extrañan cuando les dicen que los demás no perciben el mundo igual que ellos; también menciona que se puede hacer que animales de laboratorio que no eran sensibles al color, que no lo experimentaban, no había diferencia para ellos entre un color y otro, puedan ser sensibles, por medio de "percibir la diferencia", por medio de implantar determinado fotoreceptor en su retina; habla también de personas con unas cámaras que según las imágenes que capten mandan impulsos eléctricos a la lengua (o a otro sitio), y esa persona "ve con la lengua".

El tallo encefálico es donde empieza toda la estructura y la conecta con la médula espinal; lo primero que hay a partir de ahí es el cerebelo o "pequeño cerebro", que al parecer se encarga de la funciones vegetativas inconscientes y el control automático del funcionamiento del organismo; también de las emociones, pero en relación estrecha y conexión con otras partes del cerebro; la amígdala tiene mucho que ver con esto y ante diferentes situaciones y percepciones genera que se viertan sustancias que, por su química hacen experimentar diferentes sensaciones; la adrenalina, que dilata los vasos sanguíneos, puede hacer que el corazón lata más deprisa y haya más aportación de sangre para los estados de alerta; la dopamina genera una sensación de calma y placer; la oxitocina al parecer se relaciona con el amor y la pasión; el cerebro también puede generar endorfinas, que son opioides del tipo de la morfina y pueden calmar la sensación de dolor; el cerebro se divide en dos hemisferios separados por el cuerpo calloso, y tiene muchos pliegues que permiten un mayor número de células cerebrales en menos espacio; hay un mayor número de células cerebrales conectadas a las partes del cuerpo que ejecutan los movimientos más precisos, como las manos y los músculos del movimiento de los órganos que se usan en el habla; también el procesamiento de la información visual es muy elaborado en los seres humanos, siendo la vista, para ellos, uno de los sentidos más importantes, una de las vías por las que recibimos mayor información del "mundo exterior", en comparación por ejemplo con el olfato u otros; los nervios ópticos que se conectan con los ojos en el llamado punto ciego de la retina, se cruzan en el quiasma óptico, de modo que la información del ojo derecho va al lado izquierdo del cerebro y viceversa; hay neuronas que reaccionan ante determinadas formas, otras ante los diferentes colores, de los tres fundamentales para los que el ojo tiene fotoreceptores (los bastones, células sensibles a la luz en la retina, se encargan de las formas, y los conos de los colores), de modo que se usa la tricromía y todos los colores se perciben a través de las proporciones de los tres fundamentales; otras neuronas se activan cuando "hay movimiento" (y a la inversa, siempre que están activas "vemos" movimiento aunque "sepamos que no lo hay"; es como si estas neuronas superpusieran o "pintaran" o añadieran movimiento sobre formas o imágenes estáticas); en realidad todo es una interpretación de señales, y, por decirlo así la presentación que se debe hacer según las señales que se perciban; se ha sugerido que el estado cerebral correspondiente a varios fotogramas del vuelo de un pájaro, pero contenidos todos simultáneamente, de hecho podría ser una interpretación de muchos estados cerebrales estáticos; las señales visuales al parecer reciben un primer procesamiento en la zona llamada V1, pero de ahí son enviadas a zonas más profundas, hasta V6, de modo que parece haber una elaboración amplia; el cerebro se divide en varios lóbulos con diversas funciones que se nombran según su ubicación: lóbulo frontal, temporal (de témporas, sienes), parietal y occipital; el área de Brocca y el área de Wernicke se relacionan al parecer con el lenguaje; las neuronas tienen un soma central y en su membrana unas ramificaciones llamadas dendritas por las que reciben señales de otras neuronas, por medio de sustancias neurotransmisoras, como la serotonina y otras; también tienen una ramificación más larga, llamada axón, por la que envían señales a otras neuronas; entre las neuronas hay una separación llamada sinapsis que contiene diversas sustancias por las que pasan los neurotransmisores; una neurona dispara su señal cuando alcanza el potencial de acción; la membrana, cuando la neurona está en reposo, está polarizada electronegativamente, debido a que entran del exterior de ella 3 iones positivos de sodio y salen solo dos de potasio y el efecto neto total es carga negativa; cuando recibe el estímulo adecuado este hace que se abran los canales de sodio y entren más cantidad de iones positivos, por lo que se despolariza y después cambia su polaridad a positivo y hasta se hiperpolariza (bomba sodio-potasio); cuando el potencial de membrana llega a cierto umbral se alcanza el potencial de acción y la neurona envía su señal por medio de los neutransmisores; como el proceso es oscilatorio y puede ocurrir a ritmos diferentes, por medio de un electroencefalograma se puede obtener un gráfico de estas oscilaciones y clasificarlas (en ondas alpha, etc), y estudiar a qué situaciones y estados cerebrales corresponden los diferentes ritmos y amplitudes de las oscilaciones; también actualmente se usa la resonancia magnética para ver el cerebro en acción y estudiarlo; aunque se creía que las neuronas no se regeneraban se descubrió que sí pueden generarse nuevas neuronas (neurogénesis); además el cerebro puede cambiar continuamente la disposición de sus conexiones, de modo que la cantidad de disposiciones o geometrías, y por tanto de estados cerebrales, parece infinita; a cada instante el cerebro ya no es el mismo pues cambia a otra configuración y contiene nuevos recuerdos e informaciones y su capacidad para experiencias diferentes y nuevas, y para aprendizaje, podría ser infinita ; cuando hay lesión, comienza un proceso de autoreparación que elimina las neuronas inservibles, y las ramificaciones de otras crecen y se extienden para asumir nuevas funciones (plasticidad cerebral); las células gliales no son solo células de soporte, sino que además realizan otras funciones; cuando alguien nos está comunicando sus pensamientos y sentimientos se activan las mismas neuronas que las de ella (neuronas espejo), lo que al parecer se relaciona con la empatía. Determinadas sustancias como los opiodes, los barbitúricos derivados del ácido barbiturico, las benzodiacepinas y otras sustancias, por sus propiedades químicas causan alteraciones en el cerebro; drogas potentes causan estados alterados de conciencia, lo que también indica algo sobre el papel del cerebro en "crear" la realidad.

Pero el estudio del cerebro tiene todavía un largo camino que recorrer, que sin duda revelará cosas muy interesantes.

SISTEMA NERVIOSO Y ORGANISMO

Para ejecutar todas sus funciones las células y las diferentes partes del organismo necesitan energía y materiales, para funcionar y para construir estructuras y renovarse; todo esto se obtiene por medio del aparato digestivo, el aparato respiratorio y el aparato circulatorio; el aparato digestivo descompone el alimento que tomamos, para prepararlo para que pueda ser llevado a cada célula; el aparato respiratorio introduce oxígeno en el cuerpo, al mismo tiempo que expulsa el anhídrido carbónico que se genera en las reacciones químicas que se realizan en el cuerpo; el aparato circulatorio transporta tanto los nutrientes como el oxígeno a cada célula; además, junto con el sistema linfático, en él se encuentran estructuras y células encargadas de eliminar sustancias y organismos ajenos al cuerpo, que podrían estorbar su comportamiento y funcionamiento adecuados, causando enfermedades, formando el sistema inmunitario o sistema inmune; los alimentos entran por nuestra boca donde se empieza a efectuar ya su transformación; son triturados por los dientes y muelas, y las glándulas salivares vierten sustancias que empiezan a descomponerlos, formando un bolo alimenticio que pasa por la faringe al tubo del esófago, que los transporta directamente al estómago; el interior del tubo esofágico contiene unas estructuras musculares que con sus movimientos ayudan a que los alimentos ingeridos lleguen al estómago, en un proceso llamado peristaltismo, haciendo posible que lleguen incluso si estamos tumbados; el hígado produce bilis que se almacena en la vesícula biliar; es una sustancia ácida con la potencia química necesaria para descomponer los alimentos; el páncreas produce otras sustancias que también tienen el mismo propósito; en el estómago se preparan de esta manera los nutrientes ingeridos para dejarlos en un estado en el que pueden pasar a los intestinos; los intestinos están muy replegados, de forma que todo el recorrido desde la boca hasta el lugar donde las sustancias desechadas se expulsan, es de unos 11 metros de largo; en el intestino grueso y después en el delgado, cuyas diversas partes reciben nombres distintos como duodeno, yeyuno, íleon y finalmente el recto, los alimentos son sometidos a un movimiento de vaivén por unas vellosidades que abundan en el interior de los tubos intestinales, de modo que así se van absorbiendo todos los nutrientes, y las sustancias no utilizables o de desecho se expulsan finalmente al exterior; los nutrientes pueden entrar por las paredes permeables o semipermeables de los vasos del aparato circulatorio; debajo de los pulmones hay un estructura muscular, el diafragma, que retrocede creando un vacío, y esto provoca que el aire del exterior entre por la nariz y por las fosas nasales y a través de la tráquea llegue a los pulmones; estos contienen numerosas ramificaciones con una especie de receptáculos o bolsas para recoger el aire, los bronquios y los bronquiolos; los alvéolos pulmonares son como unas puertas giratorias que dirigen el oxígeno hacia el interior y el anhídrido carbónico hacia el exterior; el oxígeno también llega a los vasos del aparato circulatorio, y tanto los nutrientes como el oxígeno son llevados por el torrente sanguíneo hasta los vasos más pequeños, los capilares, y finalmente llegarán a las células de todos los tejidos; para ello el corazón bombea continuamente para que la sangre circule, en unos movimientos rítmicos llamados sístole y diástole, originados por impulsos nerviosos controlados por el cerebro y el sistema nervioso; en las células se utilizan los materiales de los nutrientes, tanto para construir estructuras moleculares necesarias, como para obtener energía por medio de reacciones químicas con el oxígeno, que son auténticas combustiones, aunque a un nivel muy pequeño, pero que generan la energía necesaria; las reacciones que se producen pueden aprovechar la energía de los enlaces químicos de los reactivos que al descomponerse resultando en otros productos, liberaran una parte de su energía, para mover los componentes celulares para que realicen sus funciones; los productos de desecho son recogidos y transportados por las venas para su expulsión o eliminación; el sistema nervioso controla y regula todos los procesos internos del organismo; cuando se requieren movimientos determinados puede enviar impulsos eléctricos a través de los nervios; estos tendrán un efecto en las proteínas contráctiles de los tejidos musculares, cambiando su polaridad de modo que se acercarán por atracción eléctrica causando la contracción del músculo, o el proceso inverso si se requiere relajación del músculo; el esqueleto forma una estructura rígida que sirve de soporte al cuerpo, conteniendo sus células una alta proporción de los minerales necesarios, como el calcio; además en su interior, en la médula ósea, se generan nuevos componentes sanguíneos para renovación; los glóbulos rojos tienen la estructura adecuada para que se adhieran a ellos los átomos de oxígeno para llevarlos a las células; también hay una regeneración continúa de tejido óseo; hay unas células, osteoclastos y osteoblastos, que producen nuevo material óseo y eliminan el antiguo; los aparatos reproductivos, femenino y masculino, generan por meiósis, un tipo de división celular distinta a la mitosis, que garantiza que contengan la mitad de cromosomas, las células reproductivas, para que al unirse y formar el zigoto que será el origen del embrión, este tenga la cantidad correcta de cromosomas, aportando la mitad cada progenitor; además en la meiósis hay una recombinación del ADN, de forma que cada cromosoma en la descendencia tendrá una mezcla de material genético de ambos progenitores.

Durante el desarrollo del embrión muchas células se autoeliminan pasado un tiempo; el proceso se llama "apoptosis" (de una palabra griega que aludía a la caída otoñal de las hojas); esto parece indicar que desempeñan un papel determinado en una fase del desarrollo, y una vez que lo han cumplido, parecen estar programadas para eliminarse; la apoptosis ocurre también en el organismo adulto, cuando las células no reciben los "factores de crecimiento" adecuados, y quizá esto asegure que las células especializadas se coloquen en el lugar correcto, de modo que si no lo están desaparezcan.

www.ingramcontent.com/pod-product-compliance
Lightning Source LLC
Chambersburg PA
CBHW031511210526
45463CB00008B/3187